BEI GRIN MACHT SICH IHR
WISSEN BEZAHLT

- Wir veröffentlichen Ihre Hausarbeit,
  Bachelor- und Masterarbeit

- Ihr eigenes eBook und Buch -
  weltweit in allen wichtigen Shops

- Verdienen Sie an jedem Verkauf

Jetzt bei www.GRIN.com hochladen
und kostenlos publizieren

# Die Festivalisierung von Mega-Events anhand der Männer-Fußball-Weltmeisterschaft 2014 in Brasilien

Karolina Vantroyen

**Bibliografische Information der Deutschen Nationalbibliothek:**

Die Deutsche Nationalbibliothek verzeichnet diese Publikation in der Deutschen Nationalbibliografie; detaillierte bibliografische Daten sind im Internet über http://dnb.d-nb.de abrufbar.

ISBN: 9783346869777
Dieses Buch ist auch als E-Book erhältlich.

© GRIN Publishing GmbH
Trappentreustraße 1
80339 München


Alle Rechte vorbehalten


Druck und Bindung: Books on Demand GmbH, Norderstedt Germany
Gedruckt auf säurefreiem Papier aus verantwortungsvollen Quellen


Das vorliegende Werk wurde sorgfältig erarbeitet. Dennoch übernehmen Autoren und Verlag für die Richtigkeit von Angaben, Hinweisen, Links und Ratschlägen sowie eventuelle Druckfehler keine Haftung.

Das Buch bei GRIN: https://www.grin.com/document/1355496

Fachbereich 1: Kultur- und Sozialwissenschaften
Institut für Geographie
Sommersemester 2018

Proseminar Humangeographie

# Die Festivalisierung von Mega-Events
## erläutert anhand der Männer-Fußball-Weltmeisterschaft 2014 in Brasilien

Datum: 01.08.2018

# Inhaltsverzeichnis

# 1 Einleitung

Thema dieser Hausarbeit ist das Phänomen der Festivalisierung von Mega-Events in direktem Zusammenhang mit dem Städtetourismus, welcher einen Subaspekt der Stadtgeographie darstellt. Die Mega-Events werden vor allem im touristischen und somit auch im wirtschaftlichen Zusammenhang vorgestellt. Konkret wird dieses Phänomen anhand des Beispiels der Männer-Fußball-Weltmeisterschaft 2014 in Brasilien erläutert. Beispielhaft werden die zwei größten Austragungsorte São Paulo und Rio de Janeiro vorgestellt.

Die Festivalisierung anhand der Mega-Events ist ein wichtiges Forschungsthema, welches sich sowohl auf Industrie-, als auch auf Schwellenländer bezieht. Es werden hauptsächlich die Auswirkungen der Großereignisse auf die Austragungsländer und -städte untersucht, mit starkem Augenmerk auf die sozialen und wirtschaftlichen Aspekte. Da die Veranstaltungen in regelmäßigen Abständen stattfinden, wie z. B. die Männer-Fußball-Weltmeisterschaft, welche alle vier Jahre ausgetragen wird, bieten sich kontinuierlich neue Forschungsmöglichkeiten im Thema der Festivalisierung.

Einleitend werden in dieser Hausarbeit Begriffe, die wichtig für das Themenverständnis sind, erklärt. Für diese Informationen wurden hauptsächlich das Lehrbuch „Tourismustypen" von Harald Dettmer et al. und die Dissertation „Die Public Relations von Mega-Events" von Chaban Salih herangezogen.

Im Folgenden wird die Fußball-WM in Brasilien als Beispiel angeführt, die Kapitel werden chronologisch aufeinander aufgebaut. Als erstes werden die Vorbereitungen und Erwartungen Brasiliens an die WM im Zusammenhang mit dem Tourismus und der Wirtschaft des Landes skizziert. Auch wird die Situation in der brasilianischen Bevölkerung im Hinblick auf die Zustimmung, bzw. Ablehnung an das Mega-Event erläutert.

Als nächstes wird die Durchführung des Großereignisses erörtert und auf die Vorhaben Brasiliens eingegangen, die bis zu dem Zeitpunkt der heimischen Austragung der WM geplant waren. Der Sicherheitsaspekt, der bei solch großen Sportveranstaltungen auch für den Tourismus ein zentrales Thema darstellt, wird ebenfalls thematisiert. Außerdem werden die Ergebnisse des statistischen Tourismus-Jahrbuches des brasilianischen Tourismusministeriums präsentiert, um die Besucheranzahl während der Fußball-WM anzugeben.

Schließlich werden im Allgemeinen die Auswirkungen angesprochen, die Brasilien durch die Austragung des Mega-Events erfuhr. Es wird aufgelöst, ob sich die Erwartungen an die WM erfüllt haben und ein Blick auf die Touristenzahlen in den Jahren nach der Großveranstaltung geworfen. Außerdem werden die Gesamtausgaben Brasiliens für die WM angeführt.

Für diese Arbeit wurden hauptsächlich wissenschaftliche Artikel aus unterschiedlichen Magazinen verwendet. Aus der iz3w Zeitschrift wurden drei Veröffentlichungen für die Informationssammlung angewendet, von Thomas Fatheuer und Christian Russau „Was nach dem Abpfiff blieb. Ein kritischer Rückblick auf die Männer-Fußball-WM 2014", von Uta Grunert „Ungefragt überplant. In Brasilien führen die Vorbereitungen zur Männer-Fußball-WM zu Vertreibungen", als auch „Löchrige Festung. Sicherheit in Rio vor, während und nach Olympia" geschrieben von Dennis Pauschinger. Aus "Praxis Geographie" wurde der Artikel „Sportliche Großereignisse in Rio de Janeiro" von Dunja Urschel berücksichtigt. Des Weiteren wurden sowohl Internetquellen in Form von Zeitungsartikeln, wie beispielsweise aus der ZEIT, dem SPIEGEL, der WELT, englischsprachige Artikel aus der Times, Forbes und BBC, als auch portugiesischsprachige Veröffentlichungen des brasilianischen Tourismusministeriums und der wissenschaftlichen Bildungszeitschrift Educação bearbeitet.

**2 Begriffserklärung**

In der Stadtpolitik ist Festivalisierung ein wichtiger Faktor für die Stadtentwicklung und das Stadtmarketing. Sie dient als stadtpolitische Strategie, um eine Stadt aufzuwerten, Aufmerksamkeit zu erregen oder wirtschaftlichen Profit zu erreichen. Hierzu werden vor allem Mega-Events sportlicher und kultureller Art für die Stadtentwicklung und -werbung genutzt (Steinbrink et al. 2015). Nach Häußermann (2008: 262f.) verfolgt die Festivalisierung zwei unterschiedliche Ziele, die entweder "nach innen" oder "nach außen" gerichtet sein können. Die nach innen gerichteten Ziele betreffen die städtische Entwicklungsdynamik. Veränderungen und Verbesserungen der Stadt und ihrer Infrastruktur gelingen in kurzer Zeit und werden durch die Austragung des Großereignisses legitimiert. Die nach außen gerichteten Ziele beziehen sich auf die Aufwertung des Images der Austragungsstätte, die weltweit vermittelt werden soll. Durch die Medienpräsenz kann die Stadt bzw. das Land von hohen Einnahmen, die vor allem aus dem Tourismussektor und Steuereinnahmen kommen, profitieren (Häußermann 2008, Steinbrink et al. 2015).

Für den Städtetourismus, der für die stadtpolitische Festivalisierung eine bedeutende Rolle spielt, kann man viele unterschiedliche Definitionen finden. Dettmer et al. (2000) führen vier verschiedene Erläuterungen an, die alle einen gemeinsamen Konsens treffen. Sie definieren Städtetourismus als ausgemachte Reisen in Städte, bzw. die Präsenz von Fremden in einer Stadt, welche nicht ihre alltägliche und wohlbekannte Umgebung darstellt. Es gibt personenabhängige Motive für solch eine Reise, eines der wesentlichsten ist der Besuch einer speziellen Veranstaltung, bspw. eines Festes oder einer Ausstellung. Die Zielgruppen lassen sich anhand unterschiedlicher Motivationen und Reisedauer herleiten. Die für diese Hausarbeit ausschlaggebende Zielgruppe sind „Event-, Einkaufs- und Besuchsreisende" (Dettmer et al. 2000: 59). Für diese Personen ist die Stadt, in die sie reisen, auswechselbar, als da sie lediglich von den dortigen Aktivitäten angelockt werden. Beispiele dafür sind Mega-Events in Form von Sportgroßereignissen (Dettmer et al. 2000).

Aber was genau sind Mega-Events? Auch hier sind unterschiedliche Definitionen auffindbar, Salih definiert sie als „[…] *langfristig geplante, zeitlich begrenzte Ereignisse in einem Land, an denen direkt und über Medien multinationale Massen teilnehmen*" (2013: 37). Sechs wesentliche Merkmale charakterisieren die Mega-Events. Zum einen ist die „[d]*irekte Teilnahme von Menschenmassen*" (Salih 2013: 38), die sich auf mehr als eine Million Besucher bezieht, sowie die „*Teilnahme von multinationalen Massen*" (Salih 2013: 39) ausschlaggebend, denn ein Ereignis kann erst als ein Mega-Event bezeichnet werden, wenn mindestens ein Zehntel von einer Million Besuchern anlässlich der Veranstaltung aus dem Ausland anreisen. Auch ist die „*Teilnahme von Menschenmassen über Medien*" (Salih 2013: 38) ein wichtiger Aspekt, denn abgesehen von den anreisenden Touristen können zahlreiche Menschen weltweit das Großereignis durch die Medien mitverfolgen. Zudem sind die „[l]*angfristige Planung*" (Salih 2013: 37) und die „[z]*eitliche Begrenzung*" (Salih 2013: 38), die bei der Fußball-WM einen Monat beträgt, beachtenswert. Zuletzt ist die „*Beschränkung auf ein Veranstaltungsland*" (Salih 2013: 38) wesentlich, in dem sich allerdings die Austragung auf mehrere Städte verteilen kann.


**3 Die Fußball-Weltmeisterschaft 2014 in Brasilien**

Brasilien wurde bereits 2007 zum Gastgeber der Männer-Fußball-Weltmeisterschaft 2014 ernannt. Zu diesen Zeitpunkt begannen bereits die Planungen und Organisationen für das Austragen der einmonatigen (12. Juni bis 13. Juli) Großveranstaltung. Mehrere Millionen Menschen reisten für das Sportereignis nach Brasilien und weitere Millionen verfolgten weltweit die Austragungen über Medien, zumeist über das Fernsehen. 32 Teams spielten in Brasilien um den Titel Fußball-Weltmeister (Brenke und Wagner 2014). Das Großereignis wurde in insgesamt zwölf brasilianischen Städten ausgetragen, nämlich in Belo Horizonte, Fortaleza, Manaus, Brasília, Cuiabá, Curitiba, Natal, Porto Alegre, Recife, Salvador, Rio de Janeiro und São Paulo (Tripmaker 2015). Die Fußball-WM kann somit entsprechend der Definition Salihs (2013) als Mega-Event bezeichnet werden.

### 3.1 Erwartungen Brasiliens an die Fußball-WM

Anläßlich der Ausrichtung von Mega-Events, wie in diesem Fall der Fußball-Weltmeister-schaft der Männer im Jahre 2014 in Brasilien, haben die Gastgeber oftmals hohe Erwartungen. Diese beziehen sich in erster Linie auf hohe Einnahmen, welche vor allem durch den Tourismus generiert werden. Folglich hoffen Politiker und Sportbeauftragte vor so einem großen Sportereignis auf das Beste — dazu zählen hauptsächlich Massen an Touristen, welche den gastronomischen Angeboten folgen und Hotels füllen, welches auch positive Auswirkungen auf die Zufriedenheit der Bevölkerung hat (Brenke und Wagner 2014). So haben auch die von Fatheuer und Russau (2016) angeführten Consultingunternehmen Fundação Getulio Vargas und Ernst & Young vor der WM einen Schneeballeffekt der Wirtschaft vorhergesagt, welcher die Investitionen vervierfachen würde. Zusammenfassend wurde nach einem wirtschaftlichen Aufschwung gestrebt (Polke-Majewski 2014).

Die Gesamtkosten für die Fußball-WM beliefen sich laut Forbes (Rapoza 2014) auf 25,6 Milliarden Real, umgerechnet also fast sechs Milliarden Euro. Hierzu zählen auch langfristige Optimierungen der Infrastruktur der Städte, wie die Verbesserung der Flughäfen und des öffentlichen Personennahverkehrs (Rapoza 2014).

Brasilien rechnete mit über drei Millionen inländischen und weiteren ca. 600.000 ausländischen Touristen, die zu der Weltmeisterschaft anreisen sollten (Grunert 2012). Die WM sollte unter anderem eine Art Werbung für Brasilien darstellen, um Touristen langfristig ins Land zu ziehen, damit der Tourismusektor und somit die Wirtschaft des Landes dauerhaft profitieren. Dementsprechend bereitete sich das Land auf die Touristenmassen vor. Beispielsweise wurden neue Fußballstadien in Manaus und Brasília geplant und errichtet bzw. modernisiert, um den Sicherheitsvorkehrungen der FIFA und den Standards ausländischer Touristen zu entsprechen. In den zwölf Austragungsstädten wurden Flughäfen modernisiert, Straßen neu gebaut, die Telekommunikation verbessert sowie hohe Investitionen im Sicherheitssektor getätigt. Das wohl eifrigste Vorhaben war der Bau einer Metro in Salvador, welche die Verbindung zum Stadion für die zahlreichen Touristen und Fußball-Fans verbessern sollte (Fatheuer und Russau 2016). Vor allem in Rio de Janeiro rief diese Fußball-WM einen massiven Bauboom aus. Es wurden immense Gelder in Stadien und in die Erweiterung des öffentlichen Personennahverkehrs investiert. Zudem galt es das Defizit von 10.000 - 12.000 Hotelzimmern auszugleichen (Urschel 2014).

Die bei der WM-Vergabe an Brasilien aufgekommene Euphorie der Bevölkerung verflog eindeutig ein Jahr vor der Austragung des Mega-Events. Zahlreiche Medien berichteten weltweit über unzählige Demonstrationen gegen die hohen Investitionen des Staates, um den Bestimmungen der FIFA zu genügen. Denn die Gelder, die in die Renovierungen und Neubebauungen anlässlich der WM investiert wurden, stammten hauptsächlich aus den öffentlichen Kassen des Landes (Brenke und Wagner 2014, Fatheuer und Russau 2016). Abgesehen von den „[…] finanziellen, sozialen und politischen Kosten der WM […]" (Fatheuer und Russau 2016: D4), wollte das Volk zahlreiche Vertreibungen zwecks Modernisierung der Städte und Infrastruktur sowie die Verteuerung des Wohnraums nicht mehr akzeptieren. So stiegen laut Urschel (2014) die Mietpreise im gesamten Rio de Janeiro um 76 % an, zugleich schnellten die Kaufpreise um 104,6 % in die Höhe. Aufgrund dessen waren zahlreiche ärmere Bewohner gezwungen, ihre Wohnungen und Häuser zu verlassen, vor allem wenn sie der Stadtplanung hinderlich waren (Urschel 2014). Die ZEIT (Käufer 2013) berichtete außerdem von 23 indigenen Familien, die aus Rio vertrieben werden sollten, um Fluchtwege aus dem Maracanã-Stadion zu schaffen. Auch in den übrigen Austragungs-städten protestierten die Menschen gegen untragbare Arbeits- und Wohnbedingungen. Allein in São Paulo gab es einen Monat vor Beginn der WM drei Demonstrationen, die sich gegen das Mega-Event richteten (Spiegel 2014).

Hauptsächlich erhoffte man sich von der WM und den Touristenströmen ein besseres Image Brasiliens, um vor allem den Industrieländern zu beweisen, dass das Land fähig sei, eine Veranstaltung solchen Ausmaßes auszurichten. Das Massenevent sollte dazu führen, dass Brasilien mit den Industrieländern gleichziehen und nicht mehr als ein Schwellenland angesehen würde (Grunert 2012, Steinbrink et al. 2015).


**3.2 Durchführung der Fußball-WM**

Brasiliens Vorbereitungen zur Austragung des Mega-Events wurden nur teilweise pünktlich zum Anfang der WM fertiggestellt. Die Metro in Salvador wurde nicht vollendet und der öffentliche Nahverkehr wurde in den größeren Austragungsstädten, bspw. in Rio de Janeiro, nicht sichtlich ausgebaut (Fatheuer und Russau 2016). Fristgerecht wurden die Bauarbeiten an den Stadien abgeschlossen, jedoch sind insgesamt lediglich ein Drittel der infrastrukturellen Planungen umgesetzt worden. Selbst ein Jahr nach der WM waren Baustellen an geplanten Verbesserungen zu beobachten, wie am Flughafenparkplatz in Salvador da Bahia (Rüb 2015, Tripmaker 2015).

Brasiliens weltweit bekannte Sicherheitslage, innerorts als auch außerhalb der Städte, wirkt für viele Touristen abschreckend, weswegen das Land sich auch unter diesem Aspekt von der besten Seite zeigen wollte, um langfristig Touristenmassen anzuziehen. In aller Regel ist die Sicherheit eine wichtige Angelegenheit bei sportlichen Mega-Events (Pauschinger 2016). Man spricht von einem „[…] Standardisierungsprozess von Sicherheitsvorkehrungen bei Sportgroßveranstaltungen [...]" (Pauschinger 2016: D9), welcher mit gewaltigen Überwachungstechnologien, temporärer Militarisierung und Privatisierung des öffentlichen Raumes einhergeht. Brasiliens Regierung wollte sich so gut wie möglich mit fortwährenden Sicherheitsplänen auf das Ereignis vorbereiten, sodass im Jahre 2011 im Justizministerium ein verantwortliches „[…] Sondersekretariat für Sicherheit von Mega-Events [...]" (Pauschinger 2016: D10) veranlasst wurde, welches auch für die Sicherheitslage zur Austragung der Olympischen Spiele in Rio zwei Jahre nach der WM zuständig war. Geplant wurde eine Kooperation von diversen Sicherheitsbehörden, des Katastrophenschutzes sowie Unternehmen des öffentlichen Nahverkehrs und anderen Koordinierungsorganen (Pauschinger 2016). In allen zwölf Austragungsstädten wurden Zentralen der gemeinsam wirkenden Sicherheitsbehörden errichtet. Auch das bekannte Favela-Viertel Maré in Rio de Janeiro wurde für die WM militarisiert, um für Ruhe und Sicherheit zu sorgen (Pauschinger 2016). Die Planung der gemeinsam agierenden Sicherheitsbehörden war erfolgreich, scheiterte jedoch an der Umsetzung. So berichtete Pauschinger (2016) von langen Menschenschlangen zwischen Metro- und Stadieneingängen und der Stürmung des FIFA-Presseraumes von vielen chilenischen Fußball-Fans, um nur zwei Beispiele für die gravierenden Sicherheitslücken zu nennen.

Einen Grund zur Freude hatten die Brasilianer, als die offiziellen Touristenzahlen des Ministeriums für Tourismus für das Jahr 2014 in einem statistischen Tourismus-Jahrbuch veröffentlicht wurden. Die erwarteten 600.000 ausländischen Touristen zur WM wurden bei weitem mit fast dem Dreifachen übertroffen, zumal die Jahresgesamtzahl der Touristen sich auf 6.429.852 belief, welches sich auch als ein neuer Touristenrekord für das Land erwies. Gegenüber dem Vorjahr bedeutete dies einen Anstieg von über 10 %. Das Mega-Event kann als hauptsächlicher Grund für den Aufschwung angesehen werden, da sich die Touristenanzahl in den Vor- und Nachmonaten der WM um mehr als eine halbe Million unterscheidet (Tabelle 1). Vor allem konnte São Paulo mit über zwei Millionen Besuchern im gesamten Jahr 2014 die meisten Touristen für sich gewinnen. Überdies gab es in Rio de Janeiro einen Besucheranstieg von über 30 % (Secretaria Nacional de Políticas de Turismo 2015).

| Touristenanzahl in Brasilien | Jahr 2013 | Jahr 2014 |
|---|---|---|
| Januar | 758.573 | 580.615 |
| Februar | 548.577 | 535.096 |
| März | 650.651 | 329.779 |
| April | 407.970 | 389.943 |
| Mai | 348.137 | 349.819 |
| Juni | 350.025 | 1.018.876 |
| Juli | 534.130 | 717.769 |
| August | 407.349 | 401.094 |
| September | 286.228 | 373.555 |
| Oktober | 455.918 | 414.408 |
| November | 479.527 | 467.115 |
| Dezember | 586.257 | 851.783 |
|  | **5.813.342** | **6.429.852** |

Tabelle 1: Touristenanzahl in Brasilien geordnet nach Monaten 2013 - 2014 im Vergleich. (Eigene Darstellung nach Daten von Secretaria Nacional de Políticas de Turismo 2015: 127).

### 3.3 Auswirkungen der Fußball-WM

Als Rechtfertigung für Großereignisse, wie in diesem Fall die Fußball-WM, werden regelmäßig dauerhaft positive Auswirkungen auf die Ökonomie des Austragungslandes angeführt. Der vorhergesagte Schneeballeffekt, der die Investitionen vervierfachen sollte, verwirklichte sich allerdings nicht. Berichten zufolge war die Fußball-WM in Brasilien die kostspieligste WM, die jemals ausgerichtet wurde (Fatheuer und Russau 2016). Die Wirtschaft wurde um lediglich 0,1 % angetrieben, was sogar weniger war, als in den Jahren zuvor. Die vorgerechneten Austragungskosten von ca. 25,6 Milliarden Real betrugen nach dem Mega-Event mehr als das Doppelte. Fast 55,6 Milliarden Real, nahezu 13 Milliarden Euro, bezahlte Brasilien für das Modernisieren der Austragungsstädte und die Austragung im eigenen Land (Wade 2015). Ganze 10,9 Milliarden Real, über 2,5 Milliarden Euro, kosteten die Regierung die Renovierungen und das Neubauen der Stadien, wovon 90 % aus öffentlichen Kassen stammten, trotz der Versprechen des früheren brasilianischen Präsidenten Luiz Inácio Lula da Silva, die Stadien vollständig aus privater Hand zu finanzieren (Douglas 2015, Wade 2015).

Allein die Sicherheitsmaßnahmen kosteten für und während des Mega-Events über zwei Milliarden Real (Sim 2014). Zahlreiche Magazine und Zeitungen berichteten von den wirtschaftlichen Auswirkungen des Mega-Events auf das Austragungsland. So wurde das Jahr 2016, zwei Jahre nach der Fußball-WM, das Jahr der „[…] schlimmsten Wirtschaftskrise seit den 1930er Jahren" (Stoppel 2016: o. S.) für Brasilien. Aber nicht nur das Land empfand einen wirtschaftlichen Rückschlag, auch die einzelnen Austragungsstädte waren abgewirtschaftet. Brasília fand sich ein Jahr nach der WM mitten in einer Wirtschaftskrise wieder. Ein Grund dafür war hauptsächlich der Neubau des teuersten Stadions Mané Garrincha für die WM und sein Erhalt im Nachhinein (Douglas 2015). Kurz vor dem Austragen der Olympischen Spiele 2016 in Rio de Janeiro gab auch diese Stadt bekannt, bankrott zu sein. Das Finanzieren zweier Mega-Events innerhalb von zwei Jahren — der Fußball-WM und der Olympischen Spiele — hätte die städtischen Kassen überlastet (Worstall 2016).

Auch die in den Austragungsstädten verbreiteten Vertreibungen hörten nicht auf. 23 indigene Familien wurden letztendlich aus ihren Häusern vertrieben. Schulen sowie das erste indigene Museum Lateinamerikas wurden zugunsten der Modernisierung des Stadions in Rio de Janeiro zerstört (Zimbalist 2014).

Laut einer Umfrage der WELT (2014) hielten es lediglich 22 % von Managern der deutschen Reiseindustrie für möglich, dass die Fußball-WM einen Reiseboom in das Austragungsland bewirken würde. Dementgegen gab das brasilianischen Tourismusministerium im aktuellsten statistischen Tourismus-Jahrbuch einen neuen Touristenrekord für zwei Jahre nach der Austragung des Mega-Events bekannt, welcher den aus dem WM-Jahr um knapp 150.000 Touristen überboten hatte (Tabelle 2). Das Mega-Event der Olympischen Spiele, welche 2016 in Rio de Janeiro ausgetragen wurden, kann hier als möglicher, aber nicht klarer Grund für den neuen Touristenrekord genannt werden, da sich die Besucherzahlen in dieser Stadt nicht wesentlich von denen aus den Jahren zuvor, mit Ausnahme des WM-Jahres, unterscheiden (Tabelle 3). Auch 2015, ein Jahr nach dem Großereignis, gab es keine gravierende Abnahme in der Touristenzahlen (Tabelle 2).

| Touristenanzahl in Brasilien | Jahr 2013 | Jahr 2014 | Jahr 2015 | Jahr 2016 |
|---|---|---|---|---|
| Januar | 758.573 | 580.615 | 915.056 | 1.086.555 |
| Februar | 548.577 | 535.096 | 719.513 | 810.566 |
| März | 650.651 | 329.779 | 619.939 | 627.388 |
| April | 407.970 | 389.943 | 414.084 | 399.583 |
| Mai | 348.137 | 349.819 | 372.818 | 347.066 |
| Juni | 350.025 | 1.018.876 | 350.156 | 358.771 |
| Juli | 534.130 | 717.769 | 454.624 | 477.666 |
| August | 407.349 | 401.094 | 366.300 | 542.947 |
| September | 286.228 | 373.555 | 243.336 | 422.271 |
| Oktober | 455.918 | 414.408 | 491.491 | 441.837 |
| November | 479.527 | 467.115 | 573.959 | 453.887 |
| Dezember | 586.257 | 851.783 | 784.562 | 609.537 |
| **Gesamt** | **5.813.342** | **6.429.852** | **6.305.838** | **6.578.074** |

Tabelle 2: Touristenanzahl in Brasilien geordnet nach Monaten von 2013 - 2016 im Vergleich. (Eigene Darstellung nach Daten von Secretaria Nacional de Políticas de Turismo 2017: 294).

| Touristenzahlen in Rio de Janeiro | Jahr 2013 | Jahr 2014 | Jahr 2015 | Jahr 2016 |
|---|---|---|---|---|
| | 1.207.800 | 1.597.153 | 1.375.978 | 1.480.121 |

Tabelle 3: Touristenanzahl in Rio de Janeiro geordnet nach Jahren von 2013 - 2016 im Vergleich. (Eigene Darstellung nach Daten von Secretaria Nacional de Políticas de Turismo 2015: 127 und 2017: 293).

**4 Fazit**

Die touristischen und somit wirtschaftlichen Hoffnungen an die Austragung eines solchen Mega-Events wie der Fußball-Weltmeisterschaft sind äußerst werbewirksam und attraktiv, vor allem für Staaten, die sich langfristige, profitable Einnahmen und Verbesserungen der Tourismusbranche versprechen. Bereits anhand der beträchtlichen, auch politischen, Einflussnahme, welche die Verbände im Austragungsland verüben, wird klar, dass die Gastgeber dem Event eine hohe Bedeutsamkeit beimessen (Steinbrink et al. 2015). Brasilien in diesem Fall, hatte hohe Erwartungen an die Auswirkungen der heimisch ausgetragenen WM, die verbunden waren mit u. a. Touristenmassen, der Generierung neuer Arbeitsplätze für das brasilianische Volk und somit einer Verbesserung der Landeswirtschaft, die sich aber erwiesenermaßen nicht bestätigten. Vor allem seien die wirtschaftlichen Effekte von solchen Sportevents nicht erfolgsbringend für die Austragungsländer und -städte, wenn sie viele infrastrukturelle Neubauten und Modernisierungen finanzieren müssten (Stoppel 2016), wie es in Brasilien deutlich der Fall war. Folglich ist die Austragung solcher Events nur erfolgversprechend, wenn die benötigte Infrastruktur bereits vorhanden ist, wie zum Beispiel zu der Fußball-WM 2006, die in Deutschland stattfand. Die Verbesserung der Infrastruktur in den Austragungsstädten wäre nur ein kleiner Trost für das Land und seine Bevölkerung, wenn nicht nur ein Drittel der Planung vollendet gewesen wäre (Tripmaker 2015). Um die Stadien zu finanzieren, wurden hauptsächlich Gelder aus öffentlichen Kassen genommen (Tripmaker 2015, Wade 2015), die eigentlich für das Gesundheits- und Bildungswesen gedacht waren. Ganze 90 % der Gesamtkosten der Modernisierungen und Neubebauungen der Stadien übernahm somit der Steuerzahler, insgesamt über 2,5 Milliarden Euro, was die Aufruhr und die damit verbundenen Demonstrationen gegen das Mega-Event des brasilianischen Volkes erklärt. Die spekulierten Gesamtkosten der WM betrugen im Nachhinein mehr als das Doppelte, fast 55,6 Milliarden Real, nahezu 13 Milliarden Euro (Wade 2015). In den Sicherheitssektor sind hohe Investitionen geflossen, was allerdings die Schwierigkeiten und Konflikte im brasilianischen Volk nicht beseitigte und auch keine nachhaltige Sicherung der Städte darstellte (Pauschinger 2016). Infolge der steigenden Steuern, Wohnpreise und der Vertreibungen der ärmeren Bevölkerungsschichten, weitete sich die ohnehin schon breite Schere zwischen arm und reich in Brasilien umso mehr (Grunert 2012). Die meisten Vorwürfe entstanden aufgrund des Vergleichs der Investitionen in die WM und der nötigen Ausgaben im Bildungssektor. Laut eines brasilianischen Bildungsmagazins wären 25,277 Milliarden Real, ca. 5,7 Milliarden Euro, nötig gewesen, um in ganz Brasilien Kindergärten und Schulen zu bauen und auszustatten. Hierdurch hätte jedes brasilianische Kind zwischen vier und 17 Jahren die Möglichkeit bekommen, zur Schule zu gehen (Cara 2013).

Zwar haben die Touristenzahlen laut der brasilianischen Secretaria Nacional de Políticas de Turismo (2017) zwei Jahre nach der WM einen neuen Touristenrekord bekannt gegeben (Tabelle 2), ob das allerdings einzig an der Austragung der WM gelegen hat, lässt sich nicht eindeutig sagen. Auch haben die Touristen die Wirtschaft nicht ankurbeln können, ganz im Gegenteil fanden sich einige der Austragungsstädte wie Brasília und Rio de Janeiro in schweren Wirtschaftskrisen wieder.

Letztlich hat die Vergabe der WM an Brasilien ein unzufriedenes Volk hinterlassen; einen Bauboom provoziert, der in halbfertigen Flughäfen, leeren Stadien und Straßenbahnen ohne Gleise mündete; den Ruf des Landes nicht wie erhofft aufgewertet und keinen Aufschwung der Wirtschaft durch das Fußballgroßereignis erzielt (Fatheuer und Russau 2016).

**Bibliographie**

Brenke, K. und Wagner, G. G. (2014): FIFA World Cup 2014 – ein fragwürdiger Spaß für die Menschen in Brasilien. In: DIW Wochenbericht Heft: 23 Seite 511-521.

Cara, D. (2013): E se todo dinheiro da Copa fosse investido em educação pública? http://www.revistaeducacao.com.br/e-se-todo-dinheiro-da-copa-fosse-investido-em-educacao-publicabrbr/ (15.07.2018).

Dettmer, H., Glück, E., Hausmann, T., Kaspar, C., Logins, J. P., Oppitz, W. und Schneid, W. (2000): Tourismustypen. Berlin/Boston: de Gruyter.

Douglas, B. (2015): World Cup leaves Brazil with bus depots and empty stadiums. https://www.bbc.com/sport/football/32073525 (30.07.2018).

Fatheuer, T. und Russau, C. (2016): Was nach dem Abpfiff blieb. Ein kritischer Rückblick auf die Männer-Fußball-WM 2014. In: iz3w Heft: 353 Seite: D3-D5.

Grunert, U. (2012): Ungefragt überlang. In Brasilien führen die Vorbereitungen zur Männer-Fussball-WM zu Vertreibungen. In: iz3w Heft 332 Seite: D25-D27.

Häußermann, H., Läpple, D. und Siebel, W. (2008): Stadtpolitik. Frankfurt a.M.: Suhrkamp.

Käufer, T. (2013): Indios sollen der Fußball-WM weichen. https://www.zeit.de/sport/2013-01/maracana-indios-rio-protest (30.07.2018).

Pauschinger, D. (2016): Löchrige Festung. Sicherheit in Rio vor, während und nach Olympia. In: iz3w Heft: 353 Seite: D9-D11.

Polke-Majewski, K. (2014): Eine Fußball-WM lohnt sich nicht. https://www.zeit.de/sport/2014-05/fussball-weltmeisterschaft-brasilien-wirtschaft-fifa (30.07.2018).

Rapoza, K. (2014): Bringing FIFA To Brazil Equal To Roughly 61% Of Education Budge. https://www.forbes.com/sites/kenrapoza/2014/06/11/bringing-fifa-to-brazil-equal-to-roughly-61-of-education-budget/#74fc3daa36d6 (30.07.2018).

Rüb, M. (2015): Millionen in den Strand gesetzt. http://www.faz.net/aktuell/politik/ausland/amerika/ein-jahr-nach-der-wm-2014-in-brasilien-kaum-touristen-13690278.html (30.07.2018).

Salih, C. (2013): Die Public Relations von Mega-Events. Leipzig: Springer.

Secretaria Nacional de Políticas de Turismo (2015): Anuário Estatístico de Turismo - 2015. http://www.turismo.gov.br/images/pdf/anuario_estatistico_de_turismo_2015_ano_base_2014_pdf.pdf (09.06.2018).

Secretaria Nacional de Políticas de Turismo (2017): Anuário Estatístico de Turismo - 2017. http://dadosefatos.turismo.gov.br/2016-02-04-11-53-05.html (09.06.2018).

Sim, D. (2014): Brazil World Cup 2014: Security Costs Five Times as Much as South Africa. https://www.ibtimes.co.uk/brazil-world-cup-2014-security-costs-five-times-much-south-africa-1452064 (11.06.2018).

Spiegel Online (2014): Fifa warnt WM-Touristen. "Sie können nicht am Strand schlafen". http://www.spiegel.de/reise/aktuell/wm-in-brasilien-touristen-sollen-sich-gut-vorbereiten-a-968473.html (31.07.2018).

Steinbrink, M., Ehebrecht, D., Haferburg, C. und Deffner, V. (2015): Megaevents und *favelas* - Strategische Interventionen und sozialräumliche Effekte in Rio de Janeiro. In: Suburban  Band: 3 Heft: 1 Seite: 45-74.

Stoppel, K (2016):  Nach Milliarden Investitionen. Kann Olympia Brasiliens Wirtschaft retten? https://www.n-tv.de/wirtschaft/Kann-Olympia-Brasiliens-Wirtschaft-retten-article18324006.html (30.07.2018).

Tripmaker, M. (2015): In diesen WM-Löchern verschwinden jährlich Millionen. https://www.welt.de/sport/fussball/wm-2014/article142660924/In-diesen-WM-Loechern-verschwinden-jaehrlich-Millionen.html (09.06.2018).

Urschel, D. (2014): Sportliche Großereignisse in Rio de Janeiro. Aktuelle Veränderungen im Vorfeld der Fußball-WM 2014 und der Olympischen Spiele 2016. In: Praxis Geographie Band: 44 Heft: 3 Seite: 32-35.

Wade, S. (2015): FIFA Is Giving Brazil $100 Million After The Country Spent $15 Billion On The World Cup. http://www.businessinsider.com/fifa-is-giving-100-million-to-brazil-after-the-country-spent-15-billion-on-the-world-cup-2015-1?IR=T (30.07.2018).

Welt (2014): Fußball-WM kurbelt Brasiliens Tourismus an. https://www.welt.de/print/wams/reise/article130093164/Fussball-WM-kurbelt-Brasiliens-Tourismus-an.html (09.06.2018).

Worstall, T. (2016): Hosting Olympics Bankrupts Another Place: Rio De Janeiro Declares Financial Disaster. https://www.forbes.com/sites/timworstall/2016/06/18/hosting-olympics-bankrupts-another-place-rio-de-janeiro-declares-financial-disaster/#2fd770358560 (15.06.2018).

Zimbalist, A. (2014): Get Ready for a Massive World Cup Hangover, Brazil. http://time.com/2930699/world-cup-brazil-spending/ (11.06.2018).

# BEI GRIN MACHT SICH IHR WISSEN BEZAHLT

- Wir veröffentlichen Ihre Hausarbeit, Bachelor- und Masterarbeit

- Ihr eigenes eBook und Buch - weltweit in allen wichtigen Shops

- Verdienen Sie an jedem Verkauf

Jetzt bei www.GRIN.com hochladen und kostenlos publizieren